ISBN 978-3-662-23802-8 ISBN 978-3-662-25905-4 (eBook)
DOI 10.1007/978-3-662-25905-4

Die in den Sitzungsberichten Abtlg. I und Abtlg. II a der math.-nat. Klasse der Österr. Ak. d. Wiss. erscheinenden Abhandlungen werden auch einzeln abgegeben. Sie können durch jede Buchhandlung oder direkt durch die Auslieferungsstelle der Österreichischen Akademie der Wissenschaften (Wien I, Singerstraße 12) bezogen werden.

Nachfolgende Abhandlungen aus den Fächern **Geologie, Mineralogie** und **Geographie** sind erschienen:

1950 (S I Bd. 159):

Cornelius H. P.: Zur Paläographie und Tektonik des alpinen Paläozoikums, 9 Seiten. S 7.—
Hanselmayer Josef: Petrographische Studien an Hochtrötsch-Diabasen einschließlich einer kurzen Charakteristik der mit ihnen auftretenden Tonschiefer, 10 Seiten. S 3.60
Küpper H.: Eiszeitspuren im Gebiet von Wien (mit 1 Tabelle), 7 Seiten. S 6.80
Schmidt Walter J.: Die Matreier Zone in Österreich, I. Teil, 41 Seiten. S 25.20
Stark M.: Die Grünschiefer der Kalkglimmerschiefer- Grünschiefer-Serie des Großarl- und Gasteiner Tales. 15 Seiten. S 8.30
Winkler v. Hermaden A.: Tertiäre Ablagerungen und junge Landformung im Bereiche des Längstales der Enns (mit 7 Textabbildungen), 25 Seiten. S 16.80

1951 (S I Bd. 160):

Hießleitner G. und Clar E.: Ein Beitrag zur Geologie und Lagerstättenkunde (Chromerz- und Nickellagerstätten) basischer Gesteinszüge in Griechenland (mit 1 Beilage und 4 Textabbildungen), 12 Seiten. S 11.—
Schmidt W. J.: Die Matreier Zone in Österreich, II. Teil (mit 1 Beilage: geologische Beschreibung mit 20 Profilen und 1 Karte), 49 Seiten. S 28.50
Stratil-Sauer G.: Stellungnahme zu einigen Auffassungen über das Flußlängsprofil (mit 3 Textabbildungen). 20 Seiten. S 7.—
Thurner A.: Die Puchberg- und Mariazeller Linie (mit 8 Textabb., Abb. 1 Beilage), 33 Seiten. S 19.—
Thurner A.: Tektonik und Talbildung im Gebiet des oberen Murtales (mit 12 Textabbildungen), 22 Seiten. S 12.50
Winkler v. Hermaden A.: Über neue Ergebnisse aus dem Tertiärbereich des steirischen Beckens und über das Alter der oststeirischen Basaltausbrüche, 36 Seiten. S 8.—
Winkler v. Hermaden A.: Die jungtektonischen Vorgänge im steirischen Becken (mit 4 Textabbildungen auf 2 Beilagen), 32 Seiten. S 15.—

1952 (S I Bd. 161):

Alker A.: Malchite aus dem Gailtal, IV. Teil, 18 Seiten. S 9.80
Alker A., Heritsch H., Paulitsch P. und Zednicek W.: Malchite aus dem Gailtal, VI. Teil (mit 1 Abbildung), 8 Seiten. S 4.40
Alker A. und Zednicek W.: Malchite aus dem Gailtal, II. Teil, 53 Seiten. S 3.20
Flügel H., Hauser A. und Papp A.: Neue Beobachtungen am Basaltvorkommen von Weitendorf bei Graz (mit 1 Textabbildung), 11 Seiten. S 4.40
Heritsch H.: Malchite aus dem Gailtal, I. Teil (3 Abbildungen), 22 Seiten. S 12.—
Heritsch H. und Zednicek W.: Malchite aus dem Gailtal, III. Teil (mit 5 Abb.), 45 Seiten. S 25.80
Holzer H.: Über geologische Untersuchungen am Westrand der Granatspitzgruppe (Hohe Tauern), 7 Seiten. S 2.80
Küpper H., Papp A. und Thenius E.: Über die stratigraphische Stellung des Rohrbacher Konglomerates, 12 Seiten. S 5.20
Mutschlechner G.: Neue Vorkommen von Glimmerkersantit in den Lienzer Dolomiten (Osttirol) (mit 1 Kartenskizze), 5 Seiten. S 2.10
Osberger R.: Der Flysch-Kalkalpenrand zwischen der Salzach und dem Fuschlsee (mit 1 Kartenbeilage), 16 Seiten. S 10.40
Paulitsch P.: Malchite aus dem Gailtal, V. Teil (mit 2 Abbildungen), 31 Seiten. S 13.80
Schmidt W. J.: Die Matreier Zone in Österreich, III. bis V. Teil (mit 1 tektonischen Karte und 9 Profilen), 28 Seiten. S 16.30

1953 (S I Bd. 162):

Cornelius-Furlani Marta: Beiträge zur Kenntnis der Schichtfolge und Tektonik der Lienzer Dolomiten (Erster Beitrag. mit 2 Tafeln und 1 Profil). S 8.90
Hanselmayer J.: Beiträge zur Sedimentpetrographie der Grazer Umgebung III. S 4.40
Kümel F.: Das Faltenland von Mosul (mit 6 Textabbildungen und 4 Tafeln). S 37.50
Medwenitsch W.: Dritter vorläufiger Aufnahmsbericht über geologische Arbeiten im Unterengadiner Fenster (Tirol). S 3.70
Schroll E.: Über Unterschiede im Spurengehalt bei Wurtziten, Schalenblenden und Zinkblenden (mit 2 Textabbildungen). S 21.90

Einige Beobachtungen im Nordteil der Weyerer Struktur (Nördliche Kalkalpen und Klippenzone)

Von Georg Rosenberg, Wien.

Mit 1 Textabbildung

(Vorgelegt in der Sitzung am 14. Februar 1955)

Es ist nicht beabsichtigt, hier wieder eine Deutung des bekannten Phänomens der „Weyerer Bögen" vorzutragen; nur einige Beobachtungen in begrenzten Abschnitten sollen in Rede stehen.

Sie schließen sich den im Gebiete der Unterlaussa im Gange befindlichen Untersuchungen durch A. Ruttner an, die bereits zu sehr interessanten Ergebnissen geführt haben (11, 13).

Meine Begehungen wurden z. T. mit einer Subvention der Österreichischen Akademie der Wissenschaften ausgeführt, für die hier der ergebenste Dank ausgesprochen wird.

Pienidische (Grestener—) Klippenzone (Pienid)—Grestener Decke und „Aroser Schuppenzone" des Buchdenkmalgebietes:

Im später von Lögters als „Aroser Schuppenzone" angesprochenen Gebiet des Grabens SO des sog. „Feichtbichlerhäusls", etwa SW vom Buchdenkmal, hat Solomonica (Buchdenkmalarbeit, Zit. in 5) „das Anstehende eines fein- bis grobkristallinen basischen Gesteines (Teschenit?) im Kontakt mit roten Juramergeln, weiter unten" als der Serpentinstock gelegen, angegeben; Lögters (4, 5) beschreibt das Vorkommen als „eigenartige, schwach metamorphe, harte, geflaserte rote Kalke (? Tithon) in Verbindung mit einem basischen Gestein" und gibt die Lage mit „etwa 200 m westlich der Fahrbahn durch den Pechgraben" an.

Die anstehende, rote Felsbank N des Grabenweges, zwischen diesem und dem Bach, deren Fortsetzung am Wege selbst, gleich oberhalb, noch zu spüren ist (das Ganze in etwa der von Lögters angegebenen Entfernung vom Pechgraben), ist aber ein Hämatitophikalzit (laut freundlicher Mitteilung von S. Prey, am Schliff bestätigt).

Im Bachlauf unter dem S vom Graben gelegenen Serpentinstock, Ophikalzite.

Am NO-Hang des Grabens, nahe der Sohle, etwa N der zweiten Hütte (von unten her), treten rote Tone zutage; nach freundlicher Mitteilung von Herrn Dr. H. Hagn (München) (Mikrofauna): Paleocän. Es liegt hier also wohl ein Glied der Buntmergelserie (Prey) des Helvetikums der „Klippenhülle".

Die Originalmitteilung von Herrn Dr. Hagn lasse ich hier, mit dem herzlichsten Danke, folgen:

Liste: „*Rhabdammina cylindrica* Glässn.
Placentammina placenta (Gryzb.)
Placentammina grandis (Gryzb.)
Hyperammina sp. sp.
Dendrophrya latissima Gryzb.
Dendrophrya robusta Gryzb.
Reophax scalaria Gryzb.
Reophax duplex Gryzb.
Hormosina ovulum (Gryzb.)
Hormosina ovuloides (Gryzb.)
Nodellum velascoense (Cushm.)
Ammodiscus polygyrus (Reuss)
Ammodiscus glabratus Cushm. et Jarvis
Ammodiscus sp.
Glomospira gordialis (J. et P.)
Glomospira charoides (J. et P.) *corona* Cushm. et Jarvis
Glomospira irregularis (Gryzb.)
Tolypammina sp.
Trochamminoides irregularis (White)
Trochamminoides contortus (Gryzb.)
Trochamminoides proteus (Karrer)
Haplophragmoides sp.
Recurvoides subturbinatus (Gryzb.)
Cribrostomoides trinitatensis Cushm. et Jarvis
Ammobaculites sp.
Spiroplectammina exolata (Cushm.)
Spiroplectammina sp.
Textularis sp.
Textulariella varians Glässn.

Bei der vorliegenden Fauna ist Kreide vollkommen ausgeschlossen (das Dan rechne ich bereits zum tiefsten Paleocän). So fehlen bezeichnende Kreideformen, wie Globotruncanen, *Reussella szajnochae* und *Rzehakina epigona,* vollkommen. Andererseits ergeben sich gute faunistische Übereinstimmungen zu den Sandschalerfaunen des Paleocän/Eocän der Karpaten und des Kaukasus, sowie zu derjenigen der Lizard Springs Formation (Paleocän) von Trinidad. *Textulariella varians* kennt man aus dem Paleocän des Kaukasus, von Holland und Nordwestdeutschland. Die in der Liste als *Textularia* sp. angeführte Art liegt mir auch aus den eocänen Stockletten von Mattsee vor.

Eine ähnliche Fauna kenne ich auch aus den roten Tonen, welche im Teisendorfer Gebiet (westlich von Salzburg auf bayrischem Boden) dem Achthaler Grünsand zwischengeschaltet sind. S c h l o s s e r hat letztere als Thanet (Ober-Paleocän) bestimmt. Ich stehe nicht an, für die roten Tone des Grabens zum F e i c h t b i c h l e r h ä u s l Paleocänalter anzunehmen; allenfalls könnte noch Untereocän in Frage kommen, doch sind die Hinweise auf Paleocän stärker.

Diese Alterseinstufung gilt natürlich nur für diese eine Probe; eine andere aus demselben Graben führte eine viel ärmere und auch schlechter erhaltene Sandschalerfauna; nach dem wenigen zu urteilen, handelt es sich aber ebenfalls nicht um Oberkreide, sondern wiederum um tieferes Alttertiär.“ —

Von den Buntmergeln der Buntmergel-Fleckenmergelserie der „Klippenhülle“, im Bachlauf unmittelbar N des B u c h d e n k m a l s (A b e r e r, „Kalkalpen Neustift—Konradshaim“, Zit. in 9), stellt H a g n die schwärzlich gefleckten und die lichtgrauen ohne Flecken in das C e n o m a n, die roten in das T u r o n.

A b e r e r meldet von da O—W-Streichen mit flachem S-Fallen „unter den (Buchdenkmal-) Granit“, wogegen am Ort das von L ö g t e r s (5) angegebene N—S- bis NO—SW-Streichen als Verdrehung auffällt; sie deutet die tektonische Vergitterung in der Grestener Zone des Gebietes an (L ö g t e r s, P r e y); von flacher Lagerung der Klippe (S p i t z, „Beiträge“, Zit. in 5) kann wohl kaum ernstlich gesprochen werden.

Die „grauen oolithischen Kalke von extremer Ähnlichkeit mit dem Sulzfluhkalk“ im oberen Teil des Grabens N vom B u c h d e n k m a l (S o l o m o n i c a, l. c.) sind nicht schwer zu deuten: Sulzfluhkalk = Plassenkalk s. str. = p. p. K o n r a d s h e i m e r k a l k (Konglomeratischer Malmkalk) d e r K l i p p e.

Die bunten Schiefer der Klippenregion bei S o l o m o n i c a (l. c.), L ö g t e r s (5), A b e r e r (l. c.) und T r a u t h (12) gehören wohl auch zur Buntmergelserie. —

O p h i k a l z i t e einer Fortsetzung der „Aroser Schuppenzone“ und B u n t m e r g e l der „Klippenhülle“ müssen auch in höheren Lagen (Quellnischen [P r e y]) des Grabensystems S, bzw.

SW, unterhalb „Welsergut“[1] (Neustiftgraben) N bis WNW der Frankenfelser Decke durchziehen, denn es fanden sich im westlichen Hauptaste Ophikalzitbrocken und Buntmergel, die mit den Kreidesandsteinen der Frankenfelser Decke in den Grabenanschnitten und den, aus dazugehörigen Konglomeratlagen auswitternden, zahlreichen Exotika nichts zu tun haben.

Ternberger Decke:

Gault von Losenstein (a. d. Enns):

Der untere Teil des Stiedelsbachgrabens bei Losenstein, mit einem guten Aufschluß im klassischen Gault dieses Grabens, wird demnächst unter Stau geraten[2]; es wurde daher dorthin ein Abstecher gemacht.

Die Vorgeschichte (Uhlig, Geyer) ist bekannt; ihre Funde stammen nicht von der gleichen Stelle; die Uhligs („Cephalopoden-Roßfeld-Schichten“. Jahrb. Geol. R.-Anst., 1882), vom „Eingange“ des Grabens, die Geyers („Kalkalpen Enns—Ybbstal“, Zit. in 5), vom „linken Bachufer, etwa 2 km oberhalb der Mündung“.

Daß es sich um zwei Stellen im Streichen einer Serie („Schwarze Serie“ [Ruttner, Woletz]) handelt, ist evident; es müssen aber nicht gleiche Alb - Niveaus sein.

Die von Herrn Dr. Bistritschan empfohlene Lokalität ist entweder direkt die Uhligs oder eine in deren näheren Bereiche, ein ausgedehnterer Anriß am rechten Ufer, nahe dem Grabenausgange, knapp unter der alten Staumauer des Baches, etwas unterhalb der Fabrik; auch im Bachbett stehen die Schichtköpfe an.

In den charakteristischen „schwarzen“ Tonschiefern fanden sich, nebst Wurmgrabgängen, viele Ammonitenspuren, darunter ein größeres unbestimmbares Objekt mit Knotenandeutungen und eines, das kaum woanders hin als zu *Hamites* zu stellen war; ein Exemplar eines Schwarmes stark verkiester, kleiner Formen zeigt eine eigenartige Berippungsform doch so ausgeprägt, daß seine Anführung unter

cfr. *Hoplites devisensis* Spath

nicht zu viel besagt[3]; Spath hat diese Spezies aus dem „Lower Gault (probably benettianus-zone)“, unteres Middle Albian, Hoplitan, was nicht besagt, daß sie nicht auch darunter oder darüber auftreten könnte.

[1] Nicht der enge Graben hinter der Wagnerei an der Straße.
[2] Freundlicher Hinweis von Herrn Dr. K. Bistritschan.
[3] Dieser Ausdruckswahl hat sich Herr Prof. Zapfe nach gütiger Besichtigung angeschlossen.

Immerhin ist — selbstverständlich mit der allen bisherigen Gaultfunden aus dem Stiedelsbachgraben gegenüber gebotenen Reserve — vorläufig festzuhalten, daß *Leymeriella tardefurcata* von Geyers Fundort nach Spath und Brinkmann für höheres Unteralb charakteristisch ist, während an der Berichtsstelle mit *Hoplites devisensis* unteres Mittelalb (Oberalb) angedeutet erscheint.

Von dieser Lokalität hat ebenfalls Herr Dr. Hagn in dankenswerter Weise die Mikrofauna untersucht und darüber folgende Äußerung freundlichst zur Verfügung gestellt:

„Die Fauna besteht aus Foraminiferen, Radiolarien und Ostrakoden. Die Radiolarien, die in der Fauna keine Rolle spielen, sind verkiest, die ebenfalls seltenen Ostrakoden stark verdrückt. Leider sind auch die Foraminiferen ziemlich schlecht erhalten; dies gilt nicht nur für die Sand-, sondern auch für die Kalkschaler. Erschwerend für die Bestimmung kommt hinzu, daß die Fauna verhältnismäßig kleinwüchsig ist. Eine artliche Bestimmung der einzelnen Foraminiferen ist daher kaum möglich; so beschränkte ich mich darauf, wenigstens die Gattungen zu bestimmen. Ich könnte zwar einige wenige Artnamen nennen, doch halte ich sie für zu wenig gesichert. Folgende Gattungen liegen vor:

Rhizammina	*Dentalina*
Ammodiscus	*Palmula*
Haplophragmoides	*Pleurostomella*
Lenticulina	*Gyroidina*
Astacolus	*Planulina*

Damit bin ich zwar nicht in der Lage, die durch Makrofossilien getroffene Altersaussage zu stützen oder zu ergänzen, doch spricht die Fauna keineswegs gegen Alb.“

Ennsprofil von Losenstein:

Die Besonderheit dieses vielerörterten Kreideprofils (Lit. in 9, S. 209, ferner: Lögters „Vorl. Mittlg.“, Zit in 9, S. 226) liegt darin, daß es die einzige Stelle im ganzen Ternberg'—Frankenfelser Deckensystem enthalten sollte, an der Gosau durch Fossilien belegt erschien.

Daß „die Schichtfolge noch völlig kontrovers“ sei (Rosenberg, 9), war überholt, da schon Lögters, wenn auch (nirgends) von der „Gosau“ des Profils gesprochen zu haben, gerade für jenen Abschnitt, der sie enthalten sollte, Cenomanalter nachgewiesen hatte („Vorl. Mittlg.“, l. c.).

Während ich 1953 „aus der Lage mit den ?Gosau-Formen, nach Best. durch A. Papp, *Orbitolina* cfr. *lenticularis* (Blumenbach) einer derartigen Form aus dem Apt nahestehend“ gehabt hatte (9), konnte Hagn, 1954, ohne Beschränkungsangabe auf gerade diese Schicht, wieder nur wie Lögters *Orbitolina concava* bestimmen. —

F. F. Hahn hat schon 1913 („Grundzüge", Zit. in 3) den uns erst heute tiefer beschäftigenden Gegensatz zwischen der „nachbarrêmen Kreide" des Allgäu'—Ternberg'—Frankenfelser—und der des Lechtal'—Reichraming'—Lunzer Deckensystems in seiner regionalen Bedeutung erkannt: „gewöhnlich nur diskonforme Lagerung der mittel- und oberkretazischen Gesteine um Losenstein, nördlich Großraming und Waidhofen, meist mit geringer Diskordanz auf Neokom" in ersterem, „stark diskordante Lagerung" in letzterem.

Man kann dem heute, da sich die „Gosau" des Ennsprofils von Losenstein als in die Spanne Apt—Cenoman gehörig erwiesen hat, hinzufügen: Im Ternberg'—Frankenfelser Deckensystem ist überhaupt nirgends der Nachweis von Gosau erbracht.

„Marmor" von Losenstein:

Keiner der Steinbrüche auf rot-buntes Material im Raume Losenstein—Großraming hat sich als Vilserkalk s. str. erwiesen; der auf „Losensteiner Marmor", am O-Ende des N-Abfalles der Großen Dirn am linken Ennsufer, gleich oberhalb der Bahn, etwa gegenüber vom Friedhofe von Losenstein, ist, ohne die Möglichkeit, daß auch höherer Dogger vertreten sein könnte zu bestreiten, ein bunter, massiger Malmkalk bis Tithonflaserkalk, der bei der „Fürstensäge" in der „ersten Pechgraben-Enge" N von Großraming ist wohl schon Steinmühlkalk und der bei ○ 443 am rechten Ennsufer oberhalb von Großraming, auf „Hintsteiner Marmor" (Kieslinger [15]), auch „Großraminger Marmor", ebenfalls Malmkalk bis Tithonflaserkalk.

Deckengrenzziehung Ternberger—/Reichraminger Decke bei Losenstein:

Die Angaben über den Verlauf eines Grenzausstriches zwischen der Ternberger—und der Reichraminger Decke im Raume von Losenstein (Hahn, l. c., Trauth [2, 3], Aberer, l. c., Thurner [10]) schwanken zwischen der „Mollner Linie" und der S-Seite der Jura—Kreide-Zone Losenstein—Schieferstein—N-Hang; Bauer (8) verzichtet auf eine durchlaufende Trennung geschlossener Decken; ähnlich wie Geyer, l. c., läßt er den Störungsausstrich N der Großen Dirn bei Losenstein beiderseits begrenzt sein, was ja Geyer zu einem wichtigen Stück seiner Polemik gegen die Existenz von Decken im Gebiete gemacht hatte.

Der Entscheidung Spenglers (Geol. v. Öst., S. 349 u. 350) für die nördliche Variante, die an der S-Seite der Jura—Kreide-Zone Losenstein—Schieferstein—N-Hang, ist beizupflichten, weil der Wettersteinkalk der Großen Dirn nicht der Ternberger Decke angehören kann.

An der O-Seite dieses Berges setzt die aufgeschlossene, von Tithon-Neokom der Ternberger— und von mylonitisiertem Hauptdolomit (Geyer) (?Wettersteinkalk[-Dolomit] [?Ramsaudolomit]) der Reichraminger Decke flankierte Schubbahn steil in die Tiefe.

Ternberger—, Reichraminger— und Frankenfelser Decke im Pechgrabengebiete und südlich von Großraming:

Im Pechgraben N von Großraming kann die, die „erste Enge" bei der „Fürstensäge" querende Störung zwischen dem Hierlatzkalkzug der Säge und dem Neokom NNO von ihm[4] (Lögters [4, 5]: „Verwerfung dieses Liaszuges gegen die Unterkreideschichten") als Teilstück des Ausstriches einer Deckenbahn Reichraminger—/Ternberger Decke aufgefaßt werden, denn der Hierlatzkalkzug kann nur in der Reichraminger Decke stehen (Trauth [2]), während das Neokom vom Schichtstoß der Ternberg'—Frankenfelser Decke am Seitwegkogel und schließlich auch von dem der Ternberger Decke im Hölleitengraben nicht zu trennen ist.

Verfolgt man allerdings diese Fuge (nach Bl. Weyer) gegen WNW in das Schieferstein-Massiv, so gerät man (bei „Ra" von „Rabenreitwegkogel") in eine Sackgasse, weil sich dort die Züge schließen.

Der von Trauth (2) im unteren Pechgraben angegebene Deckengrenzverlauf aber, quert wieder das Neokom.

Der lange Straßenanschnitt roter Kalke im Pechgraben N der „Fürstensäge", S vom Rhät der Enge, mit dem großen Aufschluß N der Säge, müßte bereits der Ternberger Decke angehören; er soll eine Folge Hierlatzkalk—Vilserkalk—Acanthicumkalk vorstellen (Geyer, l. c., Trauth [2], Lögters [5]).

Hierlatzkalk und Vilserkalk sind aber von da nicht fossilmäßig belegt und im Profil kein Anhaltspunkt für eine Trennung gegeben; Hierlatzkalk unter Doggercrinoidenniveaus (Laubenstein- bzw. Vilserkalk) ist aus dem Ternberg'—Frankenfelser Deckensystem nur vom Grestener Schwarzenberg (N.-Ö.) bekannt.

Vorausgesetzt, daß es sich um ein Glied im südlichsten Teil der Ternberger Decke handelt, liegt wohl nur die Schichtfolge Vilserkalk- eventuell Oxford-?Kimmeridge (Acanthicumschichten s. l.) (Trauth [2]) vor, die in der heutigen Terminologie als Vilserkalk—Steinmühlkalk s. l. zu bezeichnen wäre.

Erst S vom erwähnten Steinbruch ist (gegenwärtig) ein Block zu sehen, der mit seiner knolligen Beschaffenheit an Acanthicum-

[4] Beide übrigens am Straßenanschnitt gegenwärtig nicht zu sehen; keinesfalls streicht das Neokom in größerer Breite durch (Geyer, Lögters).

kalk s. str. erinnert; ob er ansteht ist unsicher, in die Schichtfolge gehört er.

Gegen N, vielleicht stratigraphisch normal unter diesem Komplex, folgt das Rhät — ob die an dessen N-Seite in etwas größerer Mächtigkeit liegenden dichten, splitterigen, schokoladebraun verfärbten, kieseligen Mergel mit blaugrauem Kern auch zu ihm gehören ist fraglich — und sodann, als basales Glied einer sicher gegen N aufsteigenden Schichtfolge, die „steile Gesteinsstufe von hellen harten Kalken" (Lögters [5]), die dieser als zu den „Kössener-Schichten" gehörig angesprochen hat; Geyer, l. c., hat diese Schicht, wenn auch nicht gerade von da, als „Wandstufe heller fossilleerer, zum Teil weißer Kalke", bzw. als „Stufe lichter Oberjurakalke unter den Tithonkalken" beschrieben. Es ist der Plassenkalk (s. l. oder s. str.), Lichter, Weißer Malmkalk („Suturenkalk" [Ruttner]), der, bei unbekannter Reichweite den Malm abwärts, auch hier, gegen oben etwa das Untertithon vertreten dürfte[5]; eine Probe zeigte licht—bräunlich-„weißen", dichten, spätig durchwobenen Kalk. Dieser Plassenkalk wird im N tatsächlich von einem Fetzen, wohl tektonsich stark reduzierten Tithonflaserkalks, Haselbergkalks, gefolgt; gerade an der Weitung nach dem N-Ausgang der ersten Pechgrabenenge überlagern letzteren dann, normal, die Neokomaptychenschichten, die vom Tithon nicht getrennt werden dürfen („Tithon-Neokom") und über dem Neokom folgt die höhere Kreide des Hölleitengrabens; nachgewiesen: Cenoman (Lögters).

Von der in solcher Position überall anzutreffenden tektonischen Überprägung des Obertithon-Neokoms abgesehen, kann also eine bautechnisch auswertbare streichende Störung am S-Rand des Neokoms vom N-Ausgang der ersten Pechgrabenenge, wie sie Lögters (5) dort gezogen, und scheinbar für bedeutender gehalten hat als die bei der Fürstensäge querende, nicht durchgehen; auch nicht den „Südrand der Losenstein-Mulde" vorstellen (l. c.), weil deren S-Flügel im orographisch rechten Grabenprofil, noch der Tithonflaser- und der Plassenkalk angehören müssen.

Das kann man als Flügel einer Mulde auffassen; im übrigen ist aber dem Auflösungsversuch nach Faltenelementen vielleicht die Deutung als wohl überwiegend steil in die Tiefe setzende Schuppen vorzuziehen.

Das an der Enns bei der „Zementbrücke" von Großraming gelegene, vielgenannte Vilserkalkvorkommen ist von Geyer (l. c.), Spitz („Tektonische Phasen", Zit. in 5) und Lögters (5) in das Gebiet der Reichraminger Decke gestellt worden; nur Trauth (2) stellt es in die Frankenfelser Decke.

[5] Übrigens der nächste Verwandte des Konradsheimerkalks der Klippen; beiden ist Belemnitenführung eigen (an der in Rede stehenden Stelle nicht nachgewiesen).

Und das wohl mit Recht, weil Vilserkalk im Reichraming'—Lunzer Deckensystem selten vorkommt, während die umliegende Ternberg'—Frankenfelser Decke ihn führt; die Entblößung ist also eher Teilstück eines Jurastreifens, der dem stratigraphisch Hangenden des Hauptdolomits der Frankenfelser Decke angehört, welcher W und SW der Kirchensiedlung von Großraming aus der Hochterrasse zutage tritt; die „Brunnbachlinie“ (Geyer), „Überschiebungslinie bei Großraming“ (Spitz), „Großraming—Neustifter Überschiebung“ (Lögters) verliefe also W dieses Vilserkalkvorkommens, zwischen ihm und der Gosau von Ascha der Reichraminger Decke.

N von Großraming, im Gebiete: unterer Pechgraben—Seitwegkogel[6]—Kote 701[7]—unterer Neustiftgraben, muß die Verschneidung zwischen der Ternberger—, der in den „Weyerer Bögen“ von S heranstreichenden Frankenfelser— und der Reichraminger Decke liegen, um die, ohne das Deckengliederungsprinzip aufzugeben, nicht herumzukommen ist.

Sie ist auf den Darstellungen Geyers (Bl. Weyer), Spitz' (l. c.), Trauths (2), Lögters' (4, 5) und Äberers (l. c.) mehr oder weniger deutlich zu sehen.

Eine zweite, NO der erforderlichen von Aberer konstruierte Verschneidung dreier Einheiten entfällt (Rosenberg [9]).

Die Abgrenzung der drei tektonischen Elemente im Gebiete beruht letztlich auf der Darstellung von Lögters.

Abb. 1 soll die Verhältnisse veranschaulichen.

Über den Seitwegkogel oberhalb vom „Waidhagergut“ bis in die Senke O von diesem, bzw. W von ○ 381 (Bl. Weyer), zieht der östlichste Teil des Losensteiner Systems der Ternberger Decke, die N von ○ 381, um ○ 701, mit dem Außensaum der Frankenfelser Decke eins ist; aber am O-Rande der vorstehend lokalisierten Einsenkung wird sie an der dort durchstreichenden Großraming—Neustifter Störung von der Frankenfelser Decke überschoben; deutlich überhöht der Hauptdolomit der letzteren von ○ 381 am O-Rand der Senke, in langem Zuge, das Neokom der Ternberger Decke im Graben W vor ihm.

Hier nur Verschneidungsstörung zwischen der Ternberger—und der Frankenfelser Decke, wird die Großraming—Neustifter Überschiebung vom unteren Neustiftgraben an gegen S, am O-Rand der Gosau von Ascha (NW von Großraming) zur Deckengrenze zwischen der Reichraminger—und der höherliegenden Frankenfelser Decke.

[6] Lögters-Karte; auf Bl. Weyer, die unbenannte und unkotierte Kuppe SW von ○ 701.

[7] „Rabenreitwegkogel“ der Lögters-Karte.

Die Grenze der Reichraminger— gegen die Ternberger Decke am S-Hang des Seitwegkogels ist von W her die Fortsetzung der die erste Pechgraben-Enge bei der „Fürstensäge“ querende Störung; sie trennt zunächst den Hierlatzkalk des Kammes WNW vom „Waidhagergut“, sodann gegen O und SO zu, um das Gut und im Graben O von ihm, die Gosau und den Hauptdolomit des Zwickels Pechgraben—Neustift-

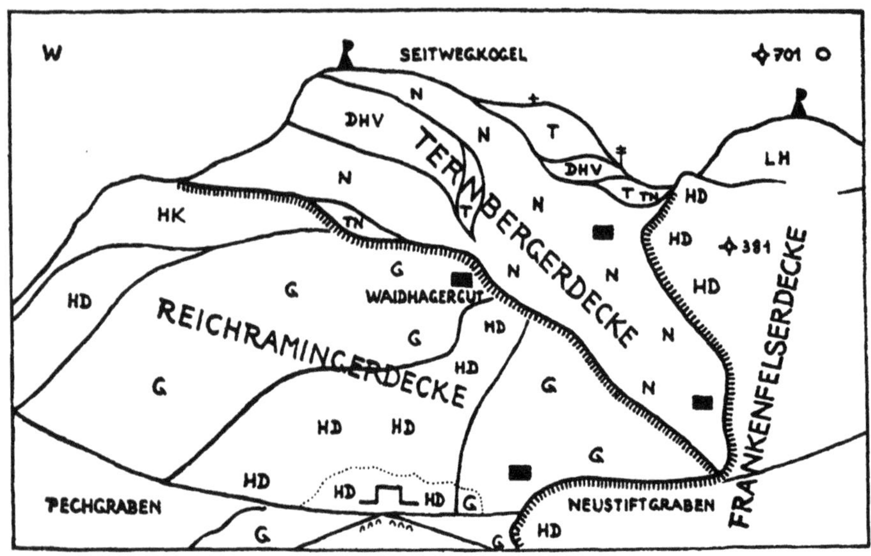

Abb. 1. Die Deckenverschneidung N von Großraming.
Unter Benützung der Darstellungen von Geyer, Spitz, Trauth, Lögters und Aberer. Breite: Etwa 1200 m. Signaturen: HD: Hauptdolomit; LH: Liashornsteinbildungen; HK: Hierlatzkalk; DHV: Doggerhornsteinkalk-Vilserkalk; T: Tithon; TN: Tithon-Neokom; N: Neokom; G: Gosau; Gezähnelte Linien: Deckengrenzen; Schwarze Kästchen: Bauerngüter.

graben vom Neokom des Seitwegkogel-S-Hanges und läuft damit auf die „Großraming—Neustifter Überschiebung“, die Deckengrenze der Frankenfelser— gegen die Ternberger— und die Reichraminger Decke, zu.

Die O vom „Waidhagergut“, bzw. W der ♁ 381 herunterziehende Grabensenke ist im Mittelteil auffallend breit-schachtelförmig; unter dem zweiten, höher liegenden Gehöft sieht es aus, als ob ein bewachsener Schuttstrom sie erfüllte; dort, oder weiter unten, vielleicht auch erst im Neustiftgraben, bei der Mündung, muß die Verschneidung liegen.

Der große Aufschluß an der gegen S blickenden Wand beim Straßenviereck an der Vereinigungsstelle Pechgraben — Neustiftgraben zeigt an seinem O-Ende auf das schönste die Transgression der Gosau[8] vom unteren Neustiftgraben auf den Hauptdolomit, von dem sie nach Lögters (4, 5) gleich nördlich davon durch einen „Bruch" getrennt sein soll; die Auflagerung steht senkrecht. Eher könnte die O-Wendung des unteren Pechgrabens einer Querstörung entsprechen, an der die Auflagerung der Gosau S vom Graben gegen W versetzt oder verschleppt wäre.

Auch die im Bachbette N der Einmündung in den Stausee aufgeschlossene Gosau des unteren Pechgrabens dürfte kaum an einem ‚Bruch" am Hauptdolomit abstoßen (Lögters). —

Zum Ausmaß der Signatur für „Vilserkalk" und (Dogger-) „Hornsteinbildungen" im Kammgebiet Seitwegkogel — Kote 701 auf der Karte von Lögters (4, 5) ist zu sagen:

Über den S-Kamm des Gipfelplateaus am Seitwegkogel streichen sehr lichte, dichte, dünngebankte, von besonders zahlreichen Kalkspatadern durchschwärmte Schrambachkalke, die in einer guten Entblößung an der höchsten Stelle dieses Kammes mittelsteil SO fallen; sie bilden auch den Wandabsturz gleich W daneben.

Weder dieser Kamm, noch der vom Gipfelgebiet gegen S/SO ziehende felsige Absturz von Doggerhornsteinkalken sind die direkte streichende Fortsetzung der Doggerhornsteinkalke der Walkenmauer ⊙ 601, W vom Pechgraben; wenn man sie und den Seitwegkogel von einem im S gelegenen Blickpunkt, vom Aufstieg zum Großen Alpkogl aus, anvisiert, so sieht man, daß der senkrecht stehende Plattenschuß der Walkenmauer zu stark gegen die N—S-Linie hin verdreht ist, um in Richtung auf die erwähnten Lagen einzuspielen.

Die cephalopodenführenden Tithonflaserkalke, die den O-Kamm des Seitwegkogels bei der Aussichtsstelle und (gegen O zu) darunter bilden (Lögters), sind das stratigraphisch Liegende der Schrambachschichten des Gipfels; an der Basis des O-Kammes, im untersten Wegstück des versteckten Steiges, der im Buschwerk W des Fernleitungsmastes beginnt (Heuhütte), scheint die Serie in Doggerbildungen überzugehen. Im Sattelgebiet gegen ⊙ 701 zu dominieren Tithon-Neokom, und selbst der auffallend „weiße" Aufschluß am Wege W der SSO von ⊙ 701 liegenden Gehöftgruppe, der so etwa die streichende Fortsetzung des Seitwegkogel-O-Kammes markiert, ist kein Vilserkalk, wie man seiner spätigen Weißkörnung so leicht unterlegen kann, sondern völlig zertrümmerter, kalkspatdurchtränkter, bräunlicher Malmkalk.

[8] Schlämmproben von hier (Prey, Hagn) ergaben leider kein Resultat.

Das Neokom der N-Seite der Sattelregion zwischen dem Seitwegkogel und der ○ 701 reicht am W-Ast des Querweges, der ein wenig nördlich unter dem Höhenzug verläuft, bis zum O-Rande des Baches, der hier die Hochteile des Seitwegkogels gegen N zu entwässert; wo der Weg (O der Almhütte am Fuße der Steilwiese) das Bachbett kreuzt, fand sich in einem losen Stücke der wohl schon hier und auch höher durchziehenden, im steilen Bachbett unter dem Wege aber sicher anstehenden, zähen, dunklen, eingekieselten, bräunlich-„sandig" anwitternden Fleckenmergel überraschenderweise ein recht gut erhaltener

Amaltheus sp.[9],

so daß sich diese Fleckenmergel als sicheres Äquivalent des Mittellias erwiesen; die Lage dieses Liaskeiles, in einer Umgebung von Schrambachschichten und Tithonflaserkalken, ist ungeklärt.

Die selektive Übersteilung der Kote 701 ist vielleicht durch Beteiligung derartiger Liashornsteinbildungen am Bau des gegen den Sattel zwischen ihr und dem Seitwegkogel gerichteten Hanges und ihres Gipfelgebietes mitbedingt.

Lögters faßt die Kammregion des Seitwegkogels als Mulde auf; der ganze zur Ternberger Decke gehörige Teil (Abb. 1) könnte ein Schuppenfächer sein, dessen Breitseite gegen SO — der Deckenverschneidung zu — absänke. —

Die Oberkreide beiderseits der Enns bei Großraming hat Lögters (4, 5) zum großen Teil zur Unteren Gosau (Brinkman[-Lögters], Kühn) = (Emscher) Coniac + Untersanton[10] und zu den Zwieselalmschichten des Dan gestellt.

Die Ausbildung der Gosau im S-Abschnitt der Laussa—Großraminger Kreidezone, wo gerade das Coniac zumindest zum Teil Rifffazies zeigt (Oberconiac [Kühn]) und ihre „Liegendserie" (Ruttner [11]), die limnisch-brackische Folge mit dem Bauxit an ihrer Basis, erklärt Lögters, l. c., zur „Lokalausbildung der tieferen Untergosau"; das gilt vom Riff gewiß nicht, das später von Kühn als Typus-Riff seiner „Traun-" und seiner „Ennsausbildung" der Gosau angesprochen worden ist.

Schon das spricht dafür, daß im Norden Coniac eben überhaupt nicht vertreten ist.

[9] Bestimmung: Prof. H. Zapfe; die hier ja besonders heikle Ausschließung neokomer Formen besorgte Dr. B. Plöchinger; beiden Herren sei hier herzlichst für ihre Bemühungen gedankt.

Die spezifische Annäherung an alpine Stücke des Genus wird durch die eigenartige, kräftige, an die von *Arieticeras* erinnernde Berippung erschwert.

[10] Leider aber die Fossilien von den zwei N der Enns namhaft gemachten Fundorten nicht angegeben.

Die Zwieselalmschichten andererseits, hat Lögters stark überzeichnet.

An die Sandsteine und gröberen Klastika dieser Stufe, die in den beiden Steinbrüchen NO vom „Marbachlergut“ (W vom Gschwendpaß, N von Brunnbach) aufgeschlossen sind, erscheinen viel zu große Areale mit Sandsteinen und den mit ihnen verbundenen rot-bunten Mergeln angeschlossen.

Letztere sind aus den Zwieselalmschichten von Gosau nicht bekannt.

Es sind wohl Nierentalerschichten, die wie in Gosau, in das stratigraphisch Liegende der Zwieselalmschichten gehören und in engstem Verbande mit (höherem) Orbitoidensandstein und Inoceramenmergeln des Maestricht im Lumpelgraben (S von Großraming, Richtung Brunnbach) weit verbreitet sind.

Zu ihnen die Mergel im nördlichen Teil des Straßenstückes obere Straßenschlinge am sog. „Kniebeiß“—Abzweigung zum „Marbachlergut“, von der unteren Straßenstelle am „Kniebeiß“ mit der Stützmauer (Rutschungen), im Bachlauf daneben und die „schön geschichteten weichen, roten und grünen Mergel“ im Lumpelgraben-Bachbett gegenüber dem „Sulzbauer“, die Lögters als den „mittleren Liesenschichten“ eingelagerte „rote Liesenmergel“ angesprochen hat[11]; am gegenüberliegenden (linken) Grabenhang, längs des Güterweges zum „Hirmer“ hinauf, wechsellagern die roten Mergel, wie üblich, mit Sandsteinen, und gegen W zu, im Raume „Sulzbauer“—„Scheiblehnergut“, hängt die Serie mit Transgressionsverband am Hauptdolomit dieser Region; oberhalb der Gegend des Sattels zwischen dem S-Ast des oberen Rodelsbachgrabens und dem Lumpelgraben, am N-Teil der gegen W gerichteten Straßenschlinge im S-Hange der ◇ 666 (Bl. Weyer), ist die Transgression, tektonisch überarbeitet, schön aufgeschlossen.

In dieser Gegend hat Lögters (Karte 4, 5), auf kleinster Fläche, Basalkonglomerate und Mergel der Nierentalerschichten anerkannt.

Ihre Trennung vom Schichtstoß Lumpelgraben—„Hirmer“ O davon, kann nicht ernstlich erwogen werden.

Auch weiter den Lumpelgraben talabwärts, bei der Mündung des Restentalgrabens, gelang es, Nierentalerschichten im Verbande aufzufinden.

[11] „Eingeschupptes Neokom“ hat Lögters selbst beiseite geschoben; es wären nur die Anzenbachschichten, bzw. die Bunten Zwischenschichten in Frage gekommen, die kaum auf größere Erstreckung ohne Begleitung von Schrambachschichten anzutreffen sein sollten und im Falle „Zwischen“-Element die Deutung wenigstens eines Teiles der begleitenden Sandsteine als Roßfeldschichten erforderten.

Sie stehen etwa 120 m SW vom westlichen Begrenzungswall der Restentalgraben-Mündung am Wege an, der von der Straße im Lumpelgraben zum Gehöfte gegen O am Rücken oben, führt; direkt unter ihnen, an der Lumpelgraben-Straße, „Basalbreccien"[12], wohl das stratigraphisch Liegende der roten Mergel.

Am gegenüberliegenden Hang des Hieselberges ⌂ 849 (SW von Großraming) sollen nach Lögters Basalkonglomerate der Untergosau liegen.

Im Aufstieg nach der Ecke des angeführten Weges sind die Nierentalerschichten spezialgefaltet und gehen in hangende Inoceramenmergel und Sandsteine über; im hangenden Komplex, mittelsteiles SO-Fallen.

Auch diese ganze Serie ist wohl Maestricht[13].

Am erwähnten Gehöfte oben in S vorüber, folgt dann eine längere aufschlußlose Strecke — daß sich gerade da ein östlicher Gegenflügel der Gosauserie verbergen sollte, ist unwahrscheinlich — und sodann, etwas höher oben, am Weg vom Gut zum „Lumpengrabenhäusl", anstehend, die „Polygene Breccie" des Cenomans (Lögters).

Im SW-Abschnitt dieses Weges überwiegen allerdings jene einförmigen, plattigen, eingekieselten Sandsteine, die in der oberostalpinen Kreide von Roßfeldschichten aufwärts so ziemlich alles sein können.

Auch knapp oberhalb der Mündung des Restentalgrabens stehen an seinem rechten Bachufer, mit steilen SW-Fallen, Nierentalerschichten an.

Die Schwierigkeit, daß an der S-Seite des Hieselberges Basalkonglomerate der Untergosau-, der Nierentaler- und der Zwieselalmschichten aneinander abstoßen sollen (Lögters), wäre beseitigt, wenn es sich überhaupt nur um Klastika des Maestricht handelte. —

An der O-Seite der Laussa—Großraminger Kreidezone hat Lögters zwei Streifen von Cenoman entdeckt (4, 5, Karte); den nördlichen hat er der westlich gelegenen Oberkreide als „Muldenältestes" ange-

[12] Im Bereich der Lögters'schen Eintragung: „Basalkonglomerate der Liesen-Sch.".

[13] Von der Erwägung, ob Nierentalerschichten des Gebietes auch noch campanen Alters sein könnten (Ganss, Knipscheer, 1954), wird natürlich hier abgesehen; daß Genannten der Nachweis von Campan für einen tieferen Anteil der Nierentalerschichten von Gosau gelungen sei, wird übrigens von Hagn (1955) bestritten.

Dies vorausgeschickt, läßt sich die Nierentalerserie des Lumpelgrabens am besten mit den „Oberen bunten Kalken und Mergeln der Oberen Nierentalerschichten" von Gosau (Ganss, Erltg. Dachsteinkarte, 1954) vergleichen.

schlossen; ein westlicher cenomaner Gegenflügel fehlt aber (der ganzen Region) unter der Transgression der Gosau und ihrer Liegendserie[14], und auch im Osten ist „direkte Auflagerung von Untergosau auf Cenoman nicht zu sehen“ (5).

Der südliche Cenomanstreifen kann der Laussa — Großraminger Oberkreide nicht angeschlossen werden, weil er ja dem nördlichen gegen O in ein höheres Stockwerk hinein ausweicht.

Es gehört der Frankenfelser Decke an.

Das weist auf eine andere Deutung dieser Cenomanstreifen, nicht auf Grund der lokalen Verhältnisse, sondern vom Regionalen her.

Der südliche liegt in einer jener Kreidezonen der Frankenfelser Decke, die an deren Außengrenze herantreten (Rosenberg [9]); das ist hier von W vom Hoch Zoebl ⌂ 1372 (NO von Weißwasser) an, gegen S zu, der Fall.

Der nördliche ist direkt als „Cenomaner Randschuppen“-Streifen, als das „Randcenoman“ der Frankenfelser Decke anzusprechen, das ja das Allgäu’—Ternberg’—Frankenfelser Deckensystem, sonst am Außensaum der Kalkalpen, so vielfach begleitet (Rosenberg, l. c.).

Beide Cenomanstreifen sind also nicht der Gosau Laussa—Großraming anzuschließen, gehören also nicht der Reichraminger Decke, sondern der östlich nächsthöheren Frankenfelser Decke an.

Die S der Enns das westliche vom tektonisch höheren östlichen Weyerer System trennende Hauptstörung, die Deckengrenze der Frankenfelser Decke gegen die Reichraminger Decke, muß also westlich der beiden Cenomanstreifen verlaufen.

Jene älteren Begriffe „Brunnbachlinie“ (Geyer) und „Großraming—Neustifter Überschiebung“ (Lögters) entsprechen im Gebiete des nördlichen Cenomanstreifens einer höher liegenden Störung an seiner O-Grenze, an der der Hauptdolomit der Frankenfelser Decke der Höhen Gamsstein ⌂ 1250 — Hechenberg ⌂ 1312 — Kote 1269 (O von Brunnbach) dem „Randcenoman“, dem tektonisch liegendsten Element der Frankenfelser Decke, aufgeschoben ist.

Der Schnitt zwischen einem Cenoman der Frankenfelser— und dem Maestricht (-Dan) der Reichraminger Decke wird weniger bedenklich, wenn die westliche Kreideserie nicht als Mulde, sondern als eine wohl im wesent-

[14] Die von Geyer, l. c., vom Gehänge des Hieselberges angeführten gelbscheckigen Kalkbreccien könnten zu den für Orbitolinencenoman so charakteristischen „Polygenen Breccien“ gehören: dieses Vorkommen liegt im W-Abschnitt.

lichen W—O aufsteigende Folge aufzufassen ist, deren stratigraphisch und der Lage nach höchsten Elementen das Cenoman aufgeschoben erscheint.

Der Kreidezone der Frankenfelser Decke mit dem südlichen Cenomanstreifen gehört der von Lögters (5) angegebene Gault des Groß-Draxlgrabens (SO von Brunnbach) an; zwei weitere Gaultvorkommen bei Weißwasser hat Ruttner entdeckt[15]; eines im Sonnberggraben, etwa 400 m NO vom ersten „g" von „Sonnberggr." der Lögters-Karte (Mikrofauna: † R. Noth), das andere im Larnsackgraben, etwa 300 m oberhalb seiner Einmündung in den Weißwassergraben gelegen; beide wohl in der Frankenfelser Decke, das im Larnsackgraben scheinbar hart an ihrer W-Grenze.

Literaturverzeichnis.

1. Kober L.: Der Deckenbau der östlichen Nordalpen; Denkschr. K. Ak. d. W., m.-n. Kl., Bd. LXXXVIII, Wien, 1913 (Sitzg. 1912), S. 345.
2. Trauth F.: Über die Stellung der „pieninischen Klippenzone" und die Entwicklung des Jura in den niederösterreichischen Voralpen; Mtlg. Geol. Ges. Wien, XIV. Jahrg., 1921, S. 105.
3. — Über die tektonische Gliederung der östlichen Nordalpen; Mtlg. Geol. Ges. Wien, XXIX. Bd. F. E. Suess-Festschrift, 1936, S. 473.
4. Lögters H.: Oberkreide und Tektonik in den Kalkalpen der unteren Enns (Weyerer Bögen—Buchdenkmal). Beiträge zur Kenntnis der alpinen Oberkreide, herausgegeben von R. Brinkmann, Nr. 5. Mtlg. Geol. Staatsinst. Hamburg, Heft XVI, 1937, S. 85.
5. — Zur Geologie der Weyerer Bögen, insbesondere der Umgebung des Leopold von Buch-Denkmals; Jb. Oberöst. Musealverein, 87. Bd., Linz, 1937, S. 369.
6. Trauth F.: Die fazielle Ausbildung und Gliederung des Oberjura in den nördlichen Ostalpen; Verh. Geol. B.-Anst., 1948, S. 145.
7. Prey S.: Flysch, Klippenzone und Kalkalpenrand im Almtal bei Scharnstein und Grünau (O.-Ö.); Jahrb. Geol. B.-Anst., 1953, S. 301.
8. Bauer F.: Der Kalkalpenbau im Bereiche des Krems- und Steyrtales in Oberösterreich; Kober-Festschrift, Wien, 1953, S. 107.
9. Rosenberg G.: Zur Kenntnis der Kreidebildungen des Allgäu'—Ternberg'—Frankenfelser Deckensystems; Kober-Festschrift, Wien, 1953, S. 207.
10. Thurner A., Die Stauffen-Höllengebirgs-Decke (Eine kritische Betrachtung); Zeitschr. Deutsch. Geol. Ges. Jahrg. 1953, Bd. 105, S. 47.
11. Ruttner A.: Gefügestudien im Bereich des Bauxitbergbaues Unterlaussa (südliche Weyerer Bögen); Tschermaks min. u. petr. Mtlg., Bd. 4, Heft 1—4, Wien, 1954, S. 145.
12. Trauth F.: Zur Geologie des Voralpengebietes zwischen Waidhofen an der Ybbs und Steinmühl östlich von Waidhofen; Verh. Geol. B.-Anst., 1954, S. 89.

[15] Für freundliche Mitteilung dieser wichtigen Fixpunkte bin ich Herrn Dr. A. Ruttner zu herzlichem Dank verpflichtet.

13. R u t t n e r A.: Aufnahmen auf Blatt Ybbsitz (71) und Mariazell (72), sowie lagerstättenkundliche Arbeiten auf diesen Blättern und Blatt Reichraming (69); Verh. Geol. B.-Anst., 1954, S. 69.

14. W o l e t z G.: Schwermineralanalysen von Gesteinen aus Helvetikum, Flysch und Gosau; Verh. Geol. B.-Anst., 1954, S. 151.

15. K i e s l i n g e r A.: Die nutzbaren Gesteine Oberösterreichs; „Oberösterreich", 4. Jahrg., Sommerheft, Linz, 1954, S. 40.

16. T h u r n e r A.: Die tektonische Stellung der Reiflingerscholle und ähnlicher Gebilde; Mtlg. Natw. Verein. Steiermark, Bd. 84, Graz, 1954, S. 187.

Hier nicht angegebene Arbeiten sind in zitierten verzeichnet.

Die in den Sitzungsberichten Abtlg. I und Abtlg. II a der math.-nat. Klasse der Österr. Ak. d. Wiss. erscheinenden Abhandlungen werden auch einzeln abgegeben. Sie können durch jede Buchhandlung oder direkt durch die Auslieferungsstelle der Österreichischen Akademie der Wissenschaften (Wien I, Singerstraße 12) bezogen werden.

Nachfolgende Abhandlungen aus dem Fache **Botanik** (Biologie) sind erschienen:

1952 (S I Bd. 161):

Cholnoky B. J. v.: Beobachtungen über die Plasmolyse I. Die protoplasmatische Wirkung von NaCl-, NaOH- und HCl-Gemischen auf Delphinium-Blumenblattzellen (mit 7 Tafeln), 18 Seiten. S 12.90

Höfler K., w. M., und Loub W.: Algenökologische Exkursion ins Hochmoor auf der Gerlosplatte (mit 2 Textabbildungen), 21 Seiten. S 10.70

Kopetzky-Rechtperg O.: Artenliste von Desmidiales aus den österreichischen Alpen (mit 1 Textabbildung), 22 Seiten. S 9.40

Krebs Ingeborg: Beiträge zur Kenntnis des Desmidiaceen-Protoplasten: III. Permeabilität für Nichtleiter (mit 6 Textabbildungen), 37 Seiten. S 23.80

Küster E.: Beobachtungen über die Wirkungen des Ultraschalls auf lebende Pflanzenzellen, 13 Seiten. S 5.—

Luhan Maria: Zur Wurzelanatomie unserer Alpenpflanzen: II. Saxifragaceae und Rosaceae (mit 15 Textabbildungen), 38 Seiten. S 16.70

Stadelmann E.: Zur Messung der Stoffpermeabilität pflanzlicher Protoplasten, II. (mit 5 Textabbildungen), 35 Seiten. S 25.70

Toth-Ziegler Annemarie: Rot fluoreszierende Inhaltskörper bei Leguminosen (mit 22 Textabbildungen), 44 Seiten. S 22.40

Wawrik Friederike: Grundwasserstudie (mit 7 Textabbildungen), 20 Seiten. S 12.50

Wiesner Gertraud: Die Bedeutung der Lichtintensität für die Bildung von Moosgesellschaften im Gebiet von Lunz, 24 Seiten. S 10.80

1953 (S I Bd. 162):

Cholnoky B. J. v.: Beobachtungen über die Plasmolyse II. Zur Protoplasmatik der Staubblatthaarzellen von Tradescantia (mit 31 Textabbildungen). S 11.40

Cholnoky B. J. v., und Schindler H.: Die Diatomeengesellschaften der Ramsauer Torfmoore (mit 41 Textabbildungen). S 15.60

Hirn Ilse: Vitalfärbung von Diatomeen mit basischen Farbstoffen (mit 8 Textabbildungen) S 16.20

Huber Elfriede: Beitrag zur anatomischen Untersuchung der Antheren von Saintpaulia (mit 6 Textabbildungen). S 4.90

Lenk Ingeborg: Über die Plasmapermeabilität einer Spirogyra in verschiedenen Entwicklungsstadien und zu verschiedener Jahreszeit (mit 1 Textabbildung und 1 Tafel). S 20.—

Loub W.: Zur Algenflora der Lungauer Moore (mit 3 Textabbildungen). S 22.90

Wimmer Ch., und Höfler K.: Über die Eigenfluoreszenz lebender, absterbender und toter Florideenzellen (mit 3 Textabbildungen). S 9.60

Diskus A.: Vom Osmoseverhalten halophiler Euglenen vom Neusiedler See (mit 3 Tafeln). S 8.50

1954 (S I Bd. 163):

Kiermayer O.: Die Vakuolen der Desmidiaceen, ihr Verhalten bei Vitalfärbe- und Zentrifugierungsversuchen (mit 23 Textabbildungen), 48 Seiten. S 32.30

Loub W., Url W., Kiermayer O., Diskus A., und Hilmbauer K.: Die Algenzonierung in Mooren des österreichischen Alpengebietes (mit 1 Textabbildung und 3 Tafeln), 48 Seiten. S 26.70

Luhan Maria: Zur Wurzelanatomie unserer Alpenpflanzen III. Gentianaceae (mit 4 Textabbildungen und 1 Tafel), 19 Seiten. S 14.90

Poelt J.: Moosgesellschaften im Alpenvorland I (mit 3 Textabbildungen), 34 Seiten. S 15.10

Poelt J.: Moosgesellschaften im Alpenvorland II (mit 1 Textabbildung), 45 Seiten. S 26.50

Scheidl W.: Auslösung von Vakuolenkontraktion durch undissoziierte Basen (mit 12 Textabbildungen und 15 Diagrammen), 44 Seiten. S 28.—

Schiller J.: Über Cyanophyceen aus kleinen künstlichen Wasserbecken und aus dem Ruster Kanal des Neusiedler Sees (mit 17 Textabbildungen [49 Einzelbilder]), 31 Seiten. S 23.40

GPSR Compliance
The European Union's (EU) General Product Safety Regulation (GPSR) is a set of rules that requires consumer products to be safe and our obligations to ensure this.

If you have any concerns about our products, you can contact us on

ProductSafety@springernature.com

In case Publisher is established outside the EU, the EU authorized representative is:

Springer Nature Customer Service Center GmbH
Europaplatz 3
69115 Heidelberg, Germany

www.ingramcontent.com/pod-product-compliance
Ingram Content Group UK Ltd.
Pitfield, Milton Keynes, MK11 3LW, UK
UKHW021927190726
13853UKWH00002B/892

* 9 7 8 3 6 6 2 2 3 8 0 2 8 *